U0155470

新能源卷

丛书主编◎郭曰方
执行主编◎凌　晨

万物有能

凌　晨◇著
侯孟明德◇插图

山西出版传媒集团
山西教育出版社

图书在版编目（CIP）数据

万物有能 / 凌晨著. — 太原：山西教育出版社，
2021.1
（"绿宝瓶"科普系列丛书 / 郭曰方主编. 新能源
卷）
ISBN 978 - 7 - 5440 - 9829 - 8

Ⅰ. ①万… Ⅱ. ①凌… Ⅲ. ①生物能—青少年读物
Ⅳ. ①TK61 - 49

中国版本图书馆 CIP 数据核字（2021）第 011579 号

万物有能
WANWU YOU NENG

策　　划	彭琼梅
责任编辑	裴　斐
复　　审	康　健
终　　审	彭琼梅
装帧设计	孟庆媛
印装监制	蔡　洁
出版发行	山西出版传媒集团·山西教育出版社
	（太原市水西门街馒头巷 7 号　电话：0351-4729801　邮编：030002）
印　　装	山西聚德汇印务有限公司
开　　本	787 mm × 1092 mm　1/16
印　　张	6
字　　数	134 千字
版　　次	2021 年 3 月第 1 版　2021 年 3 月山西第 1 次印刷
印　　数	1-5 000 册
书　　号	ISBN 978 - 7 - 5440 - 9829 - 8
定　　价	28.00 元

如发现印装质量问题，影响阅读，请与山西教育出版社联系调换。电话：0351-4729718

目录

新能源 新未来

同学们，你们知道吗？我们的人类社会能够正常运转，离不开能源。可以说，能源是维持我们生活非常重要的物质基础之一，攸关国计民生和国家安全。

在过去，煤炭虽然为我们的生活做出了巨大贡献，但是也给我们的生存环境造成了极大的污染。目前，我国能源消费总量居世界第一，但总体上煤炭消费比重仍然偏高，清洁能源比重偏低。全世界都在积极地寻找对环境影响比较小的清洁能源，我们的国家怎么能落后呢？所以，我国的科学家也在努力地开发新能源，以还一个碧水蓝天的世界给我们。

新能源属于清洁能源，开发利用不会污染环境，并且能够循环使用，对降低二氧化碳排放强度和污染物排放水平有重要作用，也是建设美丽中国、低碳生活的关键。这套"绿宝瓶"丛书，正是从节约能源的角度，介绍近年来新能源的开发和利用，包括太阳能、风能、水能、核能、生物质能、燃料电池（氢能）等，比较全面和系统。

近年来，我国新能源的开发利用规模扩大得非常快，水电、风电、光伏发电累计装机容量均居世界首位，核电装机容量居世界第二，在建核电装机容量世界第一。即便如此，我们也不能骄傲，我们与习近平总书记提出的"二氧化碳排放力争于2030年前达到峰值，努力争取2060年前实现碳中和"这个目标要求仍有很大差距。为了达到这个目标，我们的政府积极制定了很多措施，要在供给侧坚持高碳能源清洁化，清洁能源规模化，还要在需求侧坚持节约能源，不仅仅要在工业、交通、运输、建筑、公共机构等高耗能领域推广节能理念，采用节能技术，更要推动可再生能源等替代化石能源。

同学们，你们是国家的未来，相信你们在读完这套丛书之后能更好地了解新能源知识，并且为把我国建设得更加美丽而身体力行。

加油！

国家能源集团低碳研究院 庞柒

你知道古代人们用什么生火做饭、烧水、取暖吗？
烧炭，还有柴草。

回答得不错！

那么，炭是从哪儿来的呢？ 不知道了吧，一般的炭是用木头烧出来的，而柴是干燥的木头。在古代，煤的产量很低，老百姓轻易用不上，所以能用的燃料只有干燥的木头或烧过的木头，还有干杂草。正是木头或杂草提供的热能把食物弄熟了。

老式烧柴草的炉灶

1

有人会有这样的疑问：这部分内容要介绍的是新能源，而柴草、木炭这类能源我们的老祖宗已经用了几千年，应该不算新能源了吧？！

柴草、木炭作为能源，我们确实已经用了很多年，但作为生物质能，其实我们利用的只是其中很少的一部分。

大部分生物质能我们没有提取使用，这些能量都被白白浪费掉了。

那么，究竟什么是生物质能？我们怎样才能合理使用生物质能？生物质能是不是百分之百的优质能源？这些就是本书要给大家介绍的内容。

农作物成熟之后，采摘果实（如玉米、棉花）或者脱粒（如水稻、小麦）后留下来的枝干和叶子就是秸秆。

玉米秸秆

芝麻秸秆

很多农作物都会留下秸秆，比如玉米、小麦、水稻、芝麻、棉花、高粱、黄豆、油菜等。

以前农村用土灶的时候，油菜秆、玉米秆、棉花秆这类的秸秆都可以拿来烧火。

5

现在，用土灶的地方越来越少，有的农村还通了煤气，这样做起饭来既方便又干净，所以人们就不再用秸秆烧火做饭了。

但是，随着农作物产量的提高，秸秆的数量大幅度增加。既没有用处，产量又高，留在地里又会影响种植庄稼，秸秆渐渐地变成了一个"麻烦"，人们只好把它烧掉。

秸秆被打捆

6

焚烧秸秆的危害

　　焚烧秸秆会产生浓烟及呛鼻的气味，这是因为秸秆并不能直接被燃烧，而是受热后先产生一种叫"木焦油"的蒸气，这种蒸气再与空气混合燃烧。如果燃烧不充分，"木焦油"就会直接蒸发到空气中，里面含有甲醛、甲醇、二氧化硫、二氧化氮，这些都是刺激眼睛和呼吸道的有毒成分，所以大规模焚烧秸秆会严重污染空气。因此，近些年很多地方都禁止在田地中焚烧秸秆。

秸秆在地里燃烧

焚烧秸秆

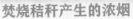

焚烧秸秆产生的浓烟

那么，秸秆不再作为家用燃料后，就一点用处都没有了吗？

我国是农业大国，每年产生的秸秆量巨大。在2015年，我国农作物秸秆的产生量就有7亿吨左右，其中1亿吨左右的秸秆在田间地头被直接焚烧。

这些秸秆都是废物吗？

当然不是。

秸秆是非常好的可再生清洁能源，每两吨秸秆的热能相当于一吨标准煤的热能，而且平均含硫量不到千分之四。煤的平均含硫量达到百分之一，相比之下，秸秆的含硫量比煤低太多了。

秸秆还是最具开发利用潜力的新能源——生物质能中的重要一种。

介绍到这儿，就得说说什么是生物质能了。从字面上看，生物质能就是生物质提供的能量。

能量是什么大家应该非常清楚了。

生物质是指利用大气、水、土地等通过光合作用而产生的有机体。也就是说，一切有生命的可以生长的有机物质都称为生物质。

生物质包括植物、动物和微生物。

大肠杆菌是人体内不能缺少的一种微生物

动物

植物

其中，农作物、农作物废弃物、木材、木材废弃物和动物粪便都是和我们人类关系比较密切的生物质。

作为农作物废弃物的秸秆，正是这样的生物质。

农村常见的秸秆垛

家里做饭用不上秸秆了，秸秆就被运到工厂里进行加工。

燃烧秸秆是最传统的能量转化方式，可以把生物质能转化成热能。

直接燃烧秸秆成本低廉，操作既简单又方便，在农作物秸秆主产区，冬季常用这种方式为中小型企业、学校、政府以及乡镇居民供暖。

不过，秸秆只用来取暖，未免太大材小用了。作为生物燃料，秸秆还能用来发电！

秸秆发电的主意，是"逼"着科学家想出来的。

早在1973年，第一次石油危机引发了严重的能源短缺问题，人们开始寻找能够代替石油的能源，这时秸秆引起了科学家的关注。

经过16年的研究，1989年，在丹麦海斯莱乌，第一个秸秆燃烧发电厂投入运行，并正式开始发电！虽然这个发电厂的规模比较小，但对秸秆来说，可是了不起的事情，从此秸秆有了变废为宝的新"能耐"。

有了第一个发电厂，就会有第二个、第三个，从此，欧洲掀起了建立生物质能发电厂的热潮，其中最大的一座发电厂建在了英国，发电规模是海斯莱乌发电厂的六七倍。

第一次石油危机

1973 年 10 月，由于中东战争爆发，石油输出国组织为了打击对手以色列和支持以色列的国家，宣布石油禁运，暂停石油出口，造成油价上涨。当时的原油价格从每桶不到 3 美元涨到超过 13 美元，这对美国等少数依靠廉价石油起家的国家产生了极大冲击，加重了世界经济危机。美国的工业生产总值和日本的工业生产总值都大幅度下降，所有工业化国家的生产力增长都明显放慢。此后，很多国家意识到了经济过于依赖石油的问题。

石油采集现场，要把地下深处的石油提取出来

丹麦秸秆发电

丹麦是世界上首先利用秸秆发电的国家。位于丹麦首都——哥本哈根以南的阿维多发电厂被誉为全球效率最高、最环保的热电联供电厂。它的工作原理是将生物质、天然气和煤三种燃料结合在一起，通过三种管道分别输送到蒸汽涡旋机和气体涡旋机，在发电的同时，将剩余热量用来供暖。三种燃料共同协作的模式使它成为全球最高效、灵活的发电站，能源利用率超过了90%。这个电厂使用的生物质燃料就是秸秆，它的秸秆用量每小时达到了25吨，每年用量总计17万吨。

阿维多发电厂可满足80万用户的供暖和用电需求。和煤、油、天然气相比，秸秆成本低、污染少，是电厂认为性价比最高的燃料。农民将秸秆卖给电厂，电厂降低了原料成本，居民获得了实惠的电价，电厂将秸秆燃烧后的草木灰又无偿地还给农民做肥料，这就形成了一个工业与农业相衔接的循环经济圈。

现在，可再生能源已占丹麦能源消费量的1/4以上。丹麦已经建立了13家秸秆发电厂，还有一部分烧木屑或垃圾的发电厂也能兼烧秸秆。

丹麦的阿维多发电厂

在秸秆利用方面，丹麦开了一个好头。

我国和丹麦的国情不同，丹麦模式对我国来说只能做个参考。

我国每年收获的秸秆，除去用于造纸、饲料、造肥还田及收集损失的 1.09 亿吨外，**可作为能源加以利用的**秸秆总量达到了 **3.76 亿吨**。

我国政府已经意识到秸秆资源的综合利用对促进农民增收、环境保护、资源节约以及农业经济可持续发展的意义重大。

秸秆绝不能一烧了之。

要用秸秆发电！

我国的秸秆发电起步较晚，21 世纪初才开始建造秸秆燃烧发电厂，大致比欧美国家晚了 20 年。经过十多年的努力，发电厂的规模和数量都有了增长，技术也得到了提高，研发的相关设备还能出口。

秸秆产量很大

工人在收集秸秆准备发电

秸秆发电厂示意图

15

秸秆发电有什么好处呢？

　　我国农作物秸秆的产量非常大,而且南方和北方很多地方都有,燃料来源可以得到充足保证。

　　秸秆的含硫量很低。虽然硫单质对人体没有危害,但硫和其他物质结合在一起,对人就会产生危害。秸秆的平均含硫量非常低,而且低温燃烧产生的氮氧化物较少,所以除尘后的烟气不用进行脱硫处理,烟气可直接通过烟囱排入大气。

　　丹麦等国家的运行实验表明,秸秆锅炉排放的经除尘的烟气,不需要其他净化措施就能够完全满足环保要求。

秸秆发电的二氧化碳排放量几乎为零。 据测算，一个发电量为 24 兆瓦的秸秆发电厂，与同等规模的燃煤发电厂相比，利用秸秆发电每年可节约标准煤 6 万吨，减少二氧化碳排放 600 吨，减少烟尘排放 400 吨。一方面净化了农村的生活环境，另一方面改善了农民的生活质量。

秸秆发电锅炉排放的灰渣还可作为农家肥再利用。

秸秆发电不仅具有较好的经济效益，还有良好的生态效益和社会效益。

蠹鱼字典

发电量为 24 兆瓦的发电厂能产生多少电？

兆瓦是一个表示功率的单位，这里的功率指发电机组在额定情况下单位时间内产生的电量。1 兆瓦等于 1000 千瓦。在计算用电量或发电量时常使用千瓦·时作为主要计量单位，1 千瓦·时等于 1 度。一般家用冰箱每天的耗电量是 1 度。

因此兆瓦·时可以理解为每小时发电量 1 兆瓦，或每小时发电量 1000 度，那么这个发电量为 24 兆瓦的秸秆发电厂每小时的发电量是 24000 度。

各种农作物秸秆的发热量可不一样。麦秸秆、玉米秸秆的发热量在农作物秸秆中是最小的，它们1千克的发热量不如0.5千克煤的多。

但和开采煤的难度相比，收集秸秆就容易多了。煤炭开采具有一定的危险性，特别是矿井开采，管理难度大。

收集秸秆没有什么危险性，管理也相对简单。所以使用秸秆发电，可以有效降低煤炭消耗，起到保护环境和节约资源的作用。

采煤虽然已经机械化，但需在地下工作，仍然是高危和高污染工作

秸秆燃烧后，锅炉飞灰和灰渣、炉底灰中含有丰富的营养成分，如钾、镁、磷和钙，可以用来制造高效的农业肥料。

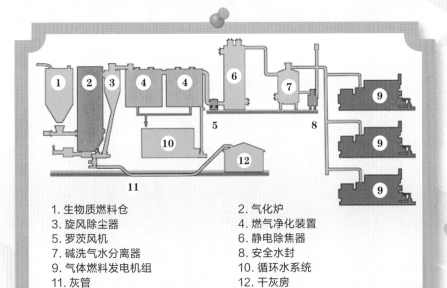

1. 生物质燃料仓　　　2. 气化炉
3. 旋风除尘器　　　　4. 燃气净化装置
5. 罗茨风机　　　　　6. 静电除焦器
7. 碱洗气水分离器　　8. 安全水封
9. 气体燃料发电机组　10. 循环水系统
11. 灰管　　　　　　　12. 干灰房

秸秆发电过程示意图

秸秆发电，按照发电工艺来说有两种方式，一种是秸秆气化发电，另一种是秸秆直接燃烧发电。按照发电原料来划分的话，还有一种是生物质与煤混合燃烧的发电方式。

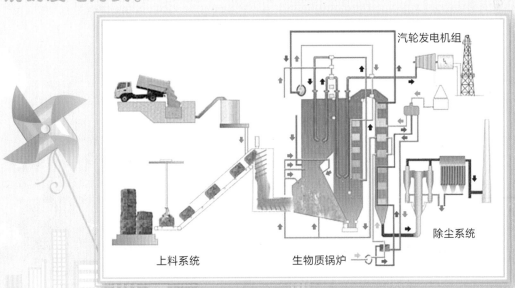

秸秆气化发电过程示意图

秸秆气化发电是在缺氧状态下燃烧秸秆，发生化学反应，先生成高品位、易输送、利用效率高的燃料气，再利用燃料气推动内燃机或燃气轮机发电，进行热电联产联供。

这样既能解决生物质秸秆燃烧效率低、布局分散的问题，又可以充分发挥燃气发电设备结构紧凑、污染少的优点。

秸秆直接燃烧发电应用得比较广泛。这是最简单，也是最早被采用的生物质能利用方式。但在传统燃烧方式中，生物质的燃烧效率极低，一般只有10%左右，致使能源浪费严重。

现在使用锅炉燃烧技术，把生物质秸秆压缩成型后作为锅炉的燃料燃烧，可以提高生物质能的利用率，适用于生物质资源相对集中、可大规模利用的地区。因此，秸秆要被压制成密度较大的成型燃料，才能用来燃烧。

这就需要在一定温度和压力下，将没有规则形状、质地松软的秸秆压制成块状或颗粒状。

压成块状的秸秆　　　　　　　　压成颗粒状的秸秆

　　用于生物质秸秆成型的设备主要有螺旋挤压式成型机、机械活塞冲压式成型机、环磨辊压式和液压活塞冲压式成型机等几大类。

简易的秸秆粉碎
压块作业现场

秸秆压块机

现有的国内外绝大多数生物质成型工艺规定，要先将秸秆粉碎至极为细小的颗粒或粉末，然后经成型设备压缩成型，否则不能成型或难以成型。

目前，我国研制的新型生物质秸秆成型设备，可以将粗大秸秆挤压成型，大大放宽了原料粒度范围。粗大的玉米秆只需要简单切碎，麦秸秆、豆秸秆、稻壳、花生壳等直径小于1厘米、长度小于25厘米的大粒径松软生物质秸秆，不再需要粉碎便可输入成型机挤压出成型燃料。这样不但降低了能耗，减少了生产环节，还有效地提高了生产效率。

农作物秸秆经压缩后的成型燃料密度为每立方厘米0.8～1.4克，**便于储存和运输**。而且**热值大于木材**，相当于中质烟煤，适于直接燃烧，黑烟少、火力旺、燃烧充分、不飞灰，具有干净卫生、硫氧化物和氮氧化物极微量排放等优点。

秸秆燃烧发电所需锅炉为特制的水冷式振动锅炉或链条炉排锅炉。

总结起来，秸秆发电的生产流程就是：

秸秆收集→干燥→粉碎→成型→成品→燃烧→发电、供热。

这个流程看似简单，但其中还有许多技术细节需要完善。

我国要开发效率较高的秸秆发电系统，这是我国能否有效利用生物质能源的关键。

脱贫致富新方法

生物质秸秆发电技术，不仅可为农村提供更多电力，而且使生物质资源的商品化成为可能。农民可以通过出售农作物秸秆获得一定的收入，如我国第一个完全利用农作物秸秆发电的建设项目——河北省晋州市秸秆发电厂，每年发电所需的近20万吨秸秆全部从当地收购。按市场价格每吨100元计算，一年就能为当地农民增收约2000万元。另外，生物质秸秆的收购、运输及储存等也会形成上下游配套产业，帮助农民增加收入。

秸秆在发电厂进行处理

三种不同的秸秆气化炉

我国是一个农业大国，耕地面积超过了1.2亿公顷，每年的秸秆产生量极大。据调查，2011年我国9种主要作物（水稻、小麦、玉米、高粱、马铃薯、油菜、向日葵、棉花和甘蔗）的秸秆总产量为7.78亿吨，其中超过1/4的秸秆被焚烧，超过1/3的秸秆被送还田地，只有大概1/10的秸秆被用作燃料。大量的生物质秸秆由于没有很好的利用导致被废弃或烧掉。这样做不仅形成了令人痛心的资源浪费，还使大气、水和土壤受到污染。

现阶段，世界各国都很注重农林废弃生物质的利用，主要是农作物秸秆的综合利用。

利用途径主要集中在能源、饲料和肥料三个方面。

我国政府不遗余力地支持和推广秸秆的综合开发、利用，多次制定政策重点推广农业废弃物综合利用技术，仅此一项的财政投入就达上亿元。

综合利用生物质秸秆资源，是我国现阶段农业结构调整和农村经济发展的一项重大课题。

重度空气污染

前面我们介绍了什么叫生物质，什么叫生物质能。在这一部分，我给大家再絮叨絮叨生物质能。

大家都知道，煤是远古时期的植物遗体经过生物化学作用和物理化学作用而转变成的沉积有机矿产。在远古时期，"煤"是货真价实的生物质，它吸取太阳的能量生长，把光能转化成化学能并储存起来。直到今天，煤才被人们开采出来，并作为能源使用，这其实是将光能释放的过程。

生物质在生长过程中，获取了很多能量，这些能量的一部分被用于生物质的自身生存，另一部分被储存起来。这些能量就是生物质能。

能提供生物质能的生物质，除了我们前面介绍的农作物废弃物之一的各种秸秆，还有森林废弃物、水生植物、城市和工业有机废弃物、动物粪便等。

原始人用来烤肉、取暖的枯树枝和干草提供的就是生物质能，这是人类历史上最早使用的能源。

从那时起到现在，生物质能并没有减少。可以这样说，只要有生物存在，生物质能就存在，取之不尽，用之不竭，它是一种宝贵的可再生能源。

石油

石油

煤炭、石油这样的化石能源，都是越开采越少，终有资源枯竭的时候。

通过前面对秸秆利用的介绍，我们知道生物质能可以通过热化学转化技术将固体生物质转化成可燃气体、焦油等，也可以通过生物化学转化技术将生物质在微生物的发酵作用下转化成沼气、酒精等，还可以通过压块细密成型技术将生物质压缩成高密度固体燃料。

生物质能在能量转化的每一个环节都能产生有用的产物，它具有全程良性循环的特征。

生物质能既可被直接利用，也可以通过转化成氢气、乙醇、沼气等含能物质被间接使用。

传统的生物质能局限于干柴、枯草等，应用水平比较低级，生物质中的能量没有得到充分开发。现代的生物质能是可以大规模用于代替常规资源的多种生物质能，包括林产品废弃物、甘蔗渣、城市废弃物、生物燃料（沼气和资源型作物）等。

总体而言，依据来源的不同，能利用的生物质可以分为林业资源、农业资源、禽畜粪便、城市固体废物和污水五大类。

林业生物质资源是指森林生长和林业生产过程提供的生物质能源，包括薪炭林，在森林抚育和间伐作业中产生的零散木材，残留的树枝、树叶和木屑等；木材采运和加工过程中产生的枝丫、锯末、木屑、梢头、板皮和截头等；林业副产品的废弃物、果壳和果核等。

根据第八次国家森林资源调查，我国森林面积约为 2.08 亿公顷，林业生物质资源比较丰富。

大兴安岭

农业生物质资源是指农业作物，还有农业生产过程中的废弃物，如前面说的秸秆类废弃物，以及农业加工业的废弃物，如农业生产过程中剩余的稻壳等。

我国农作物秸秆年产生量有 7 亿多吨，目前全国农村将秸秆作为能源的消费量有 2 亿多吨，但大多为低效利用，将秸秆直接燃烧，其能量转化效率很低。

收割后将秸秆扎成捆

污水包括生活污水和工业有机废水，这种生物质往往被忽略。

生活污水主要由居民生活、商业和服务业的各种排水组成，如冷却水、洗浴排水、盥洗排水、洗衣排水、厨房排水、粪便污水等。

工业有机废水主要指酿酒、制糖、食品、制药、造纸及屠宰等行业在生产过程中排出的废水等，其中富含有机物。

2014年，我国城镇生活污水排放量约为510.3亿吨。

污水

城市固体废物就是我们平时说的垃圾，主要包括城镇居民生活垃圾、以及商业、服务业垃圾和少量建筑业垃圾等固体废物。其成分比较复杂，且受当地居民的平均生活水平、能源消费结构、城镇建设、自然条件、传统习惯以及季节变化等因素影响。

我国大城市的垃圾构成已呈现出现代化城市的普遍特点：一是垃圾中有机物含量接近1/3，甚至更高；二是食品类废弃物是有机物的主要组成部分；三是易降解有机物含量很高。

随着城市规模的扩大和城市化进程的加速，我国城镇垃圾的产生量和堆积量逐年增加。2015年，全国246个大、中城市生活垃圾产生量将近2亿万吨，其中大部分垃圾都被焚烧或掩埋。

垃圾

这么看来，我国的生物质数量巨大，生物质能含量丰富。

生物质能的特点就是可再生！ 生物质能从太阳能转化而来，它是通过植物的光合作用将太阳能转化为化学能，并储存在生物质内部的能量。它与风能、太阳能等同属于可再生能源。

生物质能是唯一可以替代石油能源的无污染能源，而水能、风能、太阳能、核能及其他新能源都只适用于发电和供热。

生物质能的另一个特点是低污染！ 生物质能中的有害物质含量很低，它绝对是清洁能源。

生物质能的转化过程是通过绿色植物的光合作用将二氧化碳和水合成生物质，生物质能的使用过程会逆生成二氧化碳和水，形成二氧化碳的循环排放，这样能够有效减少人类二氧化碳的净排放量，降低温室效应。

生物质是在农林和城乡有机废弃物的无害化和资源化过程中生产出来的产品。生物燃料的全部生命物质均能进入地球的生物学循环，即使是释放的二氧化碳，也会重新被植物吸收参与地球循环，真正做到无污染、零排放。物质上的环保性、永续性，资源上的可循环性是现代新能源发展中所迫切需要的，而且生物能源的生产模式也是极其现代化的。

生物质的硫含量、氮含量低，燃烧过程中生成的有毒物质较少。生物质作燃料时，由于它在生长过程中需要的二氧化碳量相当于它排放的二氧化碳量，因此二氧化碳的净排放量近似于零。

生物质能的第三个特点是无可比拟的替代优势！

石油、煤炭谁能替？生物质能可接班。

利用现代技术，可以将生物质能转化成可替代化石燃料的生物质成型燃料、生物质可燃气、生物质液体燃料等。

在热转化方面，生物质能可以直接燃烧或经过转化，形成便于储存和运输的固体、气体和液体燃料。大部分使用石油、煤炭及天然气的工业锅炉和窑炉都能使用生物质能。

国际自然基金会2011年2月发布的能源报告认为，到2050年，全球将有超过一半的工业燃料和工业供热都采用生物质能。

生物质能产品有液态的生物乙醇和柴油、固态的原型和成型燃料、气态的沼气等多种形式，既可以替代石油、煤炭和天然气，也可以用于供热和发电。

生物质能的原料丰富！我国秸秆的年产量就有7亿多吨，如果加上其他生物质就更多了。

生物质资源丰富，分布广泛。只要有光合作用的地方就存在生物质能，而且价格低廉，运输便利。

根据世界自然基金会预计，全球生物质能源潜在可利用量约合 82.12 亿吨标准油，相当于 2009 年全球能源消耗量的 7/10。

据我国《可再生能源中长期发展规划》统计，我国生物质资源可转化为能源的潜力约为 5 亿吨标准煤，随着造林面积的扩大和经济社会的发展，我国生物质资源转化为能源的潜力可达 10 亿吨标准煤。

因此，生物质能被称为是煤炭、石油、天然气之后的"第四大能源"。根据生物学家估算，地球上每年产生的生物质总量为 1400 ~ 1800 亿吨，其所含能量相当于目前世界总能耗的 10 倍左右，而生物质能作为能源的利用率却还不到 1%。

只有生物质会随着生物的生长每年得到补充，而且在广袤的陆地外，海洋每年可生产 500 亿吨左右的生物质。

资源匮乏或许是因为我们人类不够聪明，至今没有找到高效利用生物质能的科学方法。

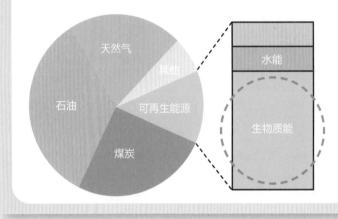

可再生能源是全球第四大能源，其中生物质能占 77%

天然气
其他
石油
可再生能源
煤炭
水能
生物质能

生物质能占比示意图

植物生物质的主要成分是木质纤维素，它是世界上唯一可预测的能为人类提供物质和燃料的可再生能源。

农林生物质废弃物如农作物秸秆、林木加工边角料等，都可以转化为生物质能源，如固体燃料、燃料乙醇、生物丁醇、生物柴油、航空燃油、厌氧发酵沼气、生物质热解气和生物质发电、生物基材料和功能化学品等。

生物质能生产出上千种化工产品，且因其主要成分为碳水化合物，在生产和使用过程中对环境友好，所以较化石能源更占优势。另外，生物质能以作物秸秆、畜禽粪便、林产废弃物、有机垃圾等农林废弃物和环境污染物为原料，进行无害化和资源化处理，深度开发植物储存的光能和物质资源，循环利用。

把看不见的生物质能变成我们能用的能量，比如用来烧水、做饭、照明，需要什么技术？

前面介绍了一些秸秆发电的原理和流程。生物质能的总体利用思路和秸秆的加工过程差不多。

最直接的方法就是在锅炉中直接燃烧生物质，先用蒸汽带动蒸汽轮机，再带动发电机发电。

生物质直接燃烧发电的关键技术包括生物质原料预处理、锅炉防腐、锅炉的原料适用性及燃料效率、蒸汽轮机效率等技术。

生物质还可以与煤混合作为燃料发电，称为生物质混合燃烧发电技术。

混合燃烧方式主要有两种。

一种是将生物质直接与煤混合后投入燃烧，这种方式对于燃料处理和燃烧设备要求较高，不是所有燃煤发电厂都能采用。

另一种方式是将生物质气化产生的燃气与煤混合燃烧，燃烧中产生的蒸汽送入汽轮机发电机组进行发电。

加工木屑

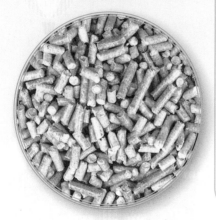

木屑颗粒

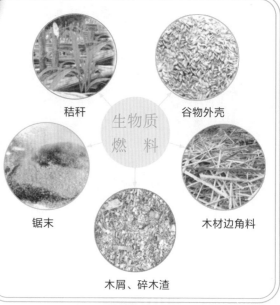

秸秆　　生物质燃料　　谷物外壳

锯末　　　　　　　　木材边角料

木屑、碎木渣

生物质燃料

生物质燃料颗粒机

生物质燃料颗粒机将农作物秸秆、林业垃圾等废弃物粉碎后，压缩成生物质固体燃料。

这种燃料无污染，成本低，使用也很便捷。

生物质气化发电技术是在气化炉中将生物质转化为气体燃料，净化后直接送入燃气机中燃烧发电。气化发电的关键技术之一是燃气净化，因为气化出来的燃气都含有一定的杂质，包括灰分、焦炭和焦油等，需要经过净化系统先除去杂质，这样才能保证发电设备的正常运行。

我国出口至菲律宾陶瓷厂的生物质气化
5兆瓦供热装置

高大的焚烧炉配备的热水管道

福建年产5000吨活性炭厂气化供热装置

生物质化学转化技术包括直接燃烧、液化、气化、热解等方法，其中最常用的方法是直接燃烧。

直接燃烧的缺点是烟尘大，热效率低，能源浪费严重。所以，除农村外，一般在城镇不提倡使用直接燃烧的方法。

生物质热解是生物质在隔绝空气或通入少量空气的状态下加热分解生成液态、固态和气态产物的过程。产生的可燃气体一般为一氧化碳、氢气和甲烷等混合气体。加热木炭就是这样的过程。

采用直接热解液化方法可以将生物质转变为生物燃油。据估计，生物燃油的能源利用效率约为直接燃烧物质的4倍，如果将生物燃油作为汽油添加剂，其经济效益会更加显著。

生物质气化是将固体或液体燃料转化为气体燃料的热化学过程。与煤相比，生物质的挥发成分含量高，灰分含量少，固定碳含量少，但活性炭含量比煤高许多。

因此，生物质通过气化之后加以利用，比煤气化后再利用的效果好。

这一技术的主要原理是利用生物质厌氧发酵生成沼气，而且可以在微生物作用下生成酒精等能源产品，此外还能生物制氢、生物制柴油等。

生物质资源转化利用已成为全球热门课题之一，正受到世界各国政府与科学家的广泛关注。联合国开发计划署（UNDP）、世界能源委员会（WEC）都把生物质能当作发展可再生能源的首要选择。

现代生物质产业已经发展起来，这一产业的原料来自农作物、树木、畜禽粪便、有机废弃物等。

这类原料的最大特点就是可以再生或者循环使用。

微信扫码

◀◀◀ 想看更多让孩子着迷的科普小知识吗？
★ 活泼生动的科技能源百科
★ 有趣易懂的科普小知识

现代生物质产业的产品包括生物质化学品、生物燃料和生物能源以及生物基功能材料，这是近年来一个格外引人关注的新兴产业。

尽管生物质产业的发展将使人类不再过分依赖化石能源，但是目前生物质能仍然缺乏与石油、天然气竞争的实力。

这是因为生物质原料虽然成本低，但加工转化成本高，只有实现技术上的突破，才能形成完整的生物质技术工程体系，向全社会推广。

安徽定远生物质热电厂概念图

青岛琦泉生物质发电有限公司概念图

目前，我国已经是生物技术大国，许多产品的产量位居世界第一，然而有些产品的技术经济指标较为落后，需要通过努力提升水平。

有专家认为，我国有条件进行生物能源和生物材料的工业化和产业化，可以在 2020 年左右形成万亿元的产值规模，这样就可以在石油枯竭拐点到来时形成部分替代的能力。

我国做过一次统计，几类清洁能源按照资源量多少的顺序排列，分别为生物质能、水能、风能与核能。

生物质能占将近60%。这一数据表明，在我国，生物质能是资源量最丰富的形态。生物质发电是实现生物质能大规模、高效、产业化利用的技术之一，同时也是减排二氧化碳的重要途径。

青海6兆瓦生物质发电项目

46

2003 年以来，国家先后核准批复了河北晋州、山东单县和江苏如东三个秸秆示范项目，颁布了《可再生能源法》，并实施了生物质发电优惠上网电价等有关配套政策，使生物质发电，特别是甜高粱秸秆发电得到迅速发展。

生物质燃料炉和制气设备

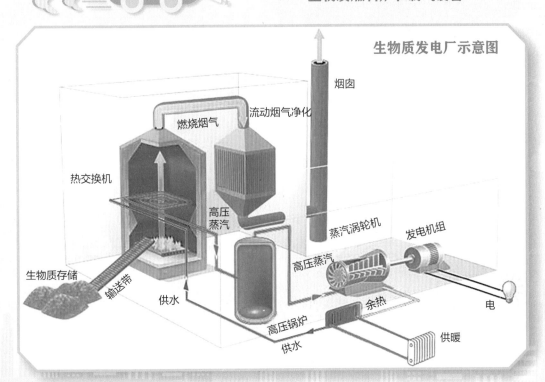

生物质发电厂示意图

我国将生物质发电列入国家能源规划纲要，确定了具体的发展目标，并且安排资金支持生物质发电的技术研发、设备制造及检测认证等产业服务体系建设，为生物质能发电行业提供了广阔的发展前景。

　　截至2018年，我国生物质发电项目遍布国内各地区，装机容量达到了1784万千瓦。值得一提的是，随着技术的进步和成熟，我国的农林生物质发电行业已由起初仅仅提供电能延伸至供热、生产乙醇等多种发展模式，垃圾发电则成为城乡基础环保设施的一部分，发展迅速。

浙江浙能龙泉生物质发电有限公司

蠹鱼字典

霍奇基斯生物质发电厂

霍奇基斯生物质发电厂外形

　　作为生物质发电厂的典型，美国康涅狄格州的霍奇基斯生物质发电厂以森林废弃物为主要燃烧材料。这座工厂的外形和当地环境巧妙地融合在了一起，非常漂亮。发电厂为附近的霍奇基斯学院和600多名住户以及85栋大楼供暖，供暖面积达到了11.15万平方米。发电厂的燃料来自森林中的木屑和木片，从总体上实现了节能减排，其中最明显的是二氧化硫减排了九成以上。发电厂燃料燃烧后的废灰也没有浪费，霍奇基斯学院的学生把它们收集起来用作菜园的肥料。

霍奇基斯生物质发电厂内部

霍奇基斯生物质发电厂的锅炉

理昂生物质发电厂

与霍奇基斯生物质发电厂相比，湖南理昂生物质发电厂的外形十分普通，它是长江以南第一个投产的生物质发电厂，发电所用的燃料均为农林生物质，其中70%是棉花、稻草、玉米等农作物秸秆和稻谷壳，30%是树皮、树根、木材边角料等。

这家发电厂每年可以处理30万吨农林废弃物，相当于节约了12万吨标准煤，减排二氧化碳31万吨，每年上网发电量2.2亿千瓦时，既增加了农民收入又生产了绿色能源。人们幽默地称发电厂"把秸秆吃进去，把能源产出来"。

湖南理昂生物质发电厂所属的理昂生态能源股份有限公司，自2008年注册后快速发展，现在已经有农林废弃物发电项目共15个。这15个项目加在一起，每年能处理的农林废弃物就达到了480万吨，供应绿色电力34亿千瓦时，有机肥30万吨以上！项目的节能减排效果也不错，节约标准煤125万吨，减排二氧化碳312万吨；与煤电相比，每年可减排二氧化硫7.2万吨；与农林废弃物露天焚烧相比，每年可减排氮氧化物1000吨，减排粉尘500吨。理昂的发展史，反映了我国对生物质发电的强劲需求。

**理昂生态能源股份有限公司
与旗下的部分生物质发电厂**

前面说到的生物质分类，其实这其中一大类就是垃圾。

以前垃圾是
怎么处理的？

垃圾分类

以前人们处理垃圾就两种方法，一种是填埋，一种是焚烧销毁。所以垃圾填埋场和垃圾焚烧厂比较常见。

然而，城市产生垃圾的速度，远远大于处理垃圾的速度，垃圾泛滥成了严重的"城市病"，甚至出现过垃圾围城的"壮观"景象。

被垃圾包围的城市

肯尼亚堆满塑料的垃圾填埋场

53

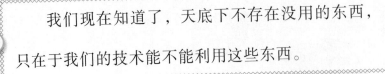

我们现在知道了，天底下不存在没用的东西，只在于我们的技术能不能利用这些东西。

垃圾是生物质的一种，它们是一种资源，而不是废物，因此，科学利用垃圾才是正确的方式。

餐厨垃圾进行分类后，厨房废弃的油脂可以加工成生物柴油和化工油脂；而废水和残渣则可以采用高温厌氧发酵处理工艺制成沼气，也可以和秸秆等农业废弃物一起发酵，从而成为农业肥料。

废塑料瓶等塑料制品，可被化纤企业重新加工成多种化纤制品，甚至纺织面料。如果有人告诉你买的新衣服是废塑料瓶制成的，千万别惊讶，可能这就是事实。要知道，每回收 1 吨塑料制品就能获得 0.7 吨二级原料。

还有废纸，回收 1 吨废纸能制造 850 千克可用纸，节省木材 300 千克，与等量生产相比，能减少污染 74%。

1 吨废钢铁可炼成"好钢"0.9 吨，与用矿石冶炼相比，可节约成本 47%，减少 75% 的空气污染，减少 97% 的水污染和固体废物。

每种垃圾都可能有被再利用的价值。我国人口数量庞大，每年产生的垃圾数量惊人。曾有人保守估算，全国城市每年因垃圾造成的损失近 300 亿元，如果将这些垃圾综合利用则能创造约 2500 亿元的效益。客观地看，只要有人的存在，垃圾就不会消失，然而作为资源，它不仅没有枯竭的时候，反而会不断出现新的种类。

此外，随着人类太空活动的增加，太空垃圾近年来也有增加的趋势，据估计已经有1.7亿块。这些垃圾既有和大巴车个头儿相似的，如耗尽燃料的废弃火箭，也有细小零碎的油漆颗粒。但是因为这些太空垃圾一直在围绕地球转动，有速度，收集起来相当困难，更别说再利用了。

理论上说，垃圾处理的三种方法为物质利用、填埋处置和能量利用。

物质利用，就是物质回收利用，指通过物理转化、化学转化（包括化学改性及热解、气化等热转化）和生物转化（包括微生物转化、昆虫转化和动物转化等），实现垃圾物质属性的重复利用、再造利用和再生利用，包括传统的物质资源回收利用和易腐有机垃圾转化成高品质物质资源。前文所说的餐厨垃圾、废纸和废塑料制品、废钢铁这些垃圾的处理方式都属于这一种。

填埋处置，原先就是简单地把垃圾填埋，眼不见为净，不做任何处理，会对土壤、地下水等造成污染。现在则要进行资源化处理，包括物质利用和能量利用后，再将最后剩余的无用垃圾进行填埋处置。这样不仅充分利用了资源，没有浪费，还节约了填埋场的空间，保护了周边环境。

能量利用，又称能量回收利用，指将垃圾的内能转化成热能、电能，包括焚烧发电、供热和热电联产。也就是下文将要介绍的垃圾发电。

秸秆可以发电，垃圾当然也能发电。

从 20 世纪 70 年代起，一些发达国家便开始利用焚烧垃圾产生的热量进行发电，建起了垃圾发电站。

进入 21 世纪以来，欧洲和亚太地区国家由于较多采用先进的城市固体废弃物处理流程，所以对垃圾焚烧发电十分支持。相比而言，欧洲较早开始利用焚烧发电技术，而亚太地区发展焚烧发电技术的速度比较快。

到 2016 年，亚太地区已经建设了近 1500 座焚烧发电厂，在发电厂数量和市场规模方面均位居全球第一。

北京鲁家山垃圾焚烧发电厂

北京门头沟区潭柘寺镇鲁家山山区，有一座色彩鲜艳、造型别致的建筑，远看就像是一个商业综合体，但实际上它是"世界单体一次投运规模最大"的垃圾分类处理焚烧发电厂。

它属于北京首钢生物质能源项目，一期每天可以处理3000吨垃圾，年发电量达3.6亿千瓦时，年供热量可以满足100万平方米民宅的供暖需求。

垃圾进入这家工厂后，要先在垃圾池里发酵5~7天，降低含水率后，才会被送进焚烧炉焚烧。焚烧烟气在炉内850~1050 ℃的范围内停留超过2秒，就可以彻底分解垃圾焚烧过程中产生的有害物质——二噁英。

丹麦垃圾焚烧厂能源之塔

丹麦是世界上最早对垃圾处理立法的国家，丹麦罗斯基勒市的垃圾焚烧厂能源之塔（Energy Tower）被誉为"世界上最美的垃圾焚烧厂"。

这个工厂年处理垃圾约 35 万吨，能够同时提供电能和热能，大约可为 6.5 万户居民供电，并为近 4 万户居民供暖。有趣的是，这家工厂不仅在建筑风格上与周围空间和谐一致，而且还在屋顶上建造了 3 条 1500 米长的雪道。

维也纳的垃圾焚烧处理厂

意大利博尔扎诺垃圾发电厂

60

垃圾发电包括垃圾焚烧发电和垃圾气化发电。垃圾发电不仅可以解决垃圾处理问题，而且可以回收利用垃圾中的能量，节约资源。

垃圾焚烧发电是利用垃圾在焚烧锅炉中燃烧放出的热量将水加热获得蒸汽，推动汽轮机带动发电机发电。

垃圾焚烧技术主要包括层状燃烧技术、流化床燃烧技术和旋转燃烧技术等。

发展起来的气化熔融焚烧技术，包括垃圾在 450 ~ 640 ℃下的气化和含碳灰渣在 1300 ℃以上的熔融燃烧两个过程，这样不仅能做到垃圾处理彻底，过程洁净，而且可以回收部分资源，被认为是最具有发展前景的垃圾发电技术。

垃圾发电需要把各种垃圾收集后，进行分类处理。对燃烧值较高的垃圾进行高温焚烧，高温彻底消灭病原性生物和腐蚀性有机物；在高温焚烧中，产生的烟雾会经过处理，产生的热能则转化为高温蒸汽，推动涡轮机转动，使发电机产生电能。

碰到不能燃烧的垃圾怎么办？ 此时需要对它们进行发酵、厌氧处理，最后干燥脱硫，产生一种气体叫甲烷，就是俗话说的沼气。再经燃烧，把热能转化为蒸汽，推动涡轮机转动，这样就能带动发电机产生电能了。

固体废弃物焚烧发电图

辽宁鞍山设计中的垃圾发电厂

南充垃圾焚烧发电站设计图

重庆一座垃圾焚烧厂的设计图

垃圾焚烧发电的好处有很多，一方面发电能带来可观的经济效益，另一方面在保护生态环境方面起到了不小的作用。

这是因为垃圾焚烧发电能够实现垃圾无害化。垃圾在 1000 ℃左右的高温中被焚烧，垃圾中的有害物质和病菌都被消灭得干干净净，尾气经净化处理达标后排放，整个焚烧过程是彻底无害化的。

垃圾焚烧后的残渣不到原来垃圾量的 1/3，送到填埋场的话，比焚烧前占地少了很多。这就极大地延长了填埋场的使用寿命，缓解了土地资源的紧张状态。

兴建垃圾发电厂十分有利于城市的环境保护，尤其是对土地资源和水资源的保护，可实现生态环境的可持续发展。

虽然我国生活垃圾处理技术的起步较晚，但近年来在国家产业政策的支持下，垃圾焚烧技术得到了迅速发展，在技术不断完善的同时，还向大规模、全自动化方向发展，相继出现了处理能力很高的大型垃圾焚烧厂。

我国自主研制的垃圾焚烧炉技术，已由固定炉排垃圾焚烧炉发展到循环流化床锅炉。

位于清水河的深圳市市政环卫综合处理厂，是国内第一座采用焚烧技术处理城市生活垃圾并利用其余热发电、供热的现代化公益设施，而且厂里的大部分设备都是国产的。

自 1985 年我国在深圳建立垃圾焚烧发电厂以来，到 2016 年底，国内垃圾焚烧发电厂总数已达 246 座，处理垃圾的能力不断提升。

目前，我国垃圾焚烧处理量约占垃圾清运量的 1/3，而且未来还有很大的发展空间。

焚烧垃圾发电并非百分之百完美，也存在二次污染的问题。

如果控制得当，对环境的影响可以很小。 但是，若对焚烧过程和尾气、残渣、废水的控制处理不当，也有可能造成二次污染，损害土壤和周边环境，这是必须注意的。

在高温下焚烧垃圾可灭菌，分解有害物质，但当实际处理状况发生变化，或尾气处理前渗漏，以及处理中其他的稍有不慎等都会造成二次污染。

在垃圾焚烧站的工艺流程中，烟气净化处理用于去除焚烧产生的二氧化硫、氯化氢、氟化氢等酸性气体。

如果没有在焚烧中或烟气中用石灰粉浆加以中和，这些气体就会被直接排入大气，造成二次污染。

例如深圳垃圾发电厂，在酸性气体去除设备尚未投入运行时，就曾因为将酸气直接排放，污染了周围环境。

垃圾焚烧还要特别注意可能产生的对水资源的污染问题。垃圾输送储运中，容易发生泄漏、发酵，产生发酵废水、滤液，其中含有一些有害杂物，若不引入污水处理，会造成水资源污染。此外尾气处理产生的废水、废渣、粉尘也应慎重处理，避免水源污染。

三亚垃圾发电厂

三亚生活垃圾焚烧发电厂

三亚垃圾发电厂位于山清水秀的海南岛最南部。近年来，由于度假人数的增多，尤其是进入冬季后，三亚市的垃圾量与日俱增，给垃圾处理带来很大压力。三亚市生活垃圾焚烧厂经过扩建，整个垃圾处理过程全封闭，高效、节能、环保，自动化程度很高。

在这里，垃圾发电的步骤是这样的：生活垃圾由封闭自卸式垃圾运输车运送到垃圾仓；操作人员通过电脑操作用垃圾吊抓斗将垃圾抓入给料斗；垃圾经过一系列工序后进入机械炉进行燃烧。垃圾燃烧过程中产生高温高压蒸汽，随后蒸汽进入汽轮机组，带动涡轮叶片做功，将热能转化为机械能，然后汽轮机带动发电机转子同轴旋转，再将机械能转化为电能。

最后，电能进入海南电网，供应给当地用户。焚烧垃圾后产生的废弃物、烟气净化后排放；炉渣则供炉渣处理厂综合利用；渗滤液经净化处理后，成为可以养鱼、浇灌植物的中水。

一次最多可以抓起 6 吨垃圾的抓斗

大家经常听说沼气，它是一种可燃性气体，主要成分是甲烷和二氧化碳。

其实，沼气只是生物质气的一种。

生物质气是以农作物秸秆、林木废弃物、食用菌渣、禽畜粪便、污水污泥等含有生物质体的物质为原料，在高温下，生物质体热解或者气化分解产生的一种可燃性气体。

只要生物质存在，生物质气就取之不尽。生物质气不仅可以再生，其处理过程还能达到清理牲畜粪便和垃圾的目的。牲畜粪便和垃圾在自然降解的过程中会缓慢地释放甲烷到大气中，如果通过生物质气的转化让甲烷成为燃料，那么最终只会排放更少的二氧化碳。所以，生物质气可以达到降低温室气体排放的功效。

甲烷除了被用于家庭的供暖和做饭外，还可以提纯出来并注入天然气管网中，与天然气一起使用。此外，为天然气汽车提供燃料也是一种不错的利用方式。每吨生物质气相比等重的燃料乙醇和燃料柴油，可以支持汽车跑得更远。

现在，出于控制温室气体排放和降低化石能源消耗的目的，增加可再生能源的使用变得迫在眉睫，这为生物质气提供了大规模发展的机遇，不断增加的规模经济性也在帮助生物质气工业成长。

北京德青源农业科技股份有限公司沼气发电项目，这是中国首个鸡粪产沼气发电项目

微生物造沼气

　　1776年，意大利物理学家沃尔塔路过沼泽地时，发现那里"咕噜咕噜"冒着小气泡，这就是沼气了。气温越高，气泡冒得越多，如果我们把这些小气泡收集起来，用火一点，它就会燃烧。沼气可不是天然就存在的气体，而是有机质被微生物厌氧分解产生的，是自发的厌氧发酵产物。也就是说，沼气是细菌制造出来的。

　　1916年，俄国科学家分离出了第一株甲烷菌。现在世界上分离出的甲烷菌种有14种19个菌株。不仅仅是沼泽地，污水沟、粪池、垃圾填埋场、城市下水道、海洋深处等地方，甚至人和动物的消化道中都有沼气存在。反刍动物的瘤胃就是一个典型的沼气发生器，在牛的瘤胃中有大量的沼气发酵细菌，这些细菌通过消化分解纤维，形成甲烷和二氧化碳，牛打嗝时，这些气体就被释放出来了。

　　搞清楚了沼气的来源，就可以人为制造沼气了。只要能创造出厌氧微生物所需要的营养条件和环境条件就行。

　　所以制造沼气的方法说来也简单：先准备好特定的装置、高浓度的厌氧微生物，以及丰富的生物质，然后把微生物和生物质放进装置，充分搅拌，密封后等待分解发酵就可以了。

自然界中的沼气分布非常广泛，每年释放到大气中的甲烷超过13亿吨，约占大气中甲烷来源总量的90%。

沼气并不是单一的气体，除了甲烷外，还包含二氧化碳、硫化氢、一氧化碳、氢、氧、氮等气体。不过，除了甲烷，其他几种气体的含量都较少，一般不超过总体积的2%。

沼气燃烧的主要成分是甲烷。 甲烷无色、无味、无毒，和适量的空气混合后就能燃烧。

甲烷燃烧时发出蓝色火焰，并释放大量热能。每立方米纯甲烷的发热量约为34000焦耳，热能还是很高的。

用于沼气发电的设备主要为内燃机，一般由柴油机组或者天然气机组改造而成。

巨大的储气罐

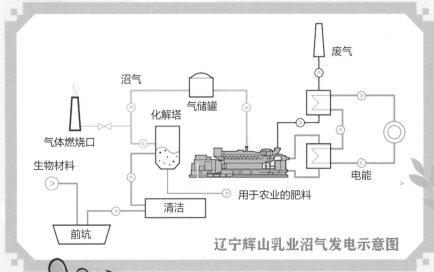

废气

沼气

气储罐

化解塔

气体燃烧口

生物材料

电能

用于农业的肥料

清洁

前坑

辽宁辉山乳业沼气发电示意图

辽宁辉山乳业沼气发电项目是全球最大的沼气发电项目，一期 4 台 JMS420 燃气内燃机，利用牛场牛粪等废弃物进行厌氧发酵产生沼气来发电，共实现电力输出 5.66 兆瓦。

在农村，制备沼气是一个小型工程。利用厌氧发酵工程技术，用人畜粪水作为生物质生产沼气，这是第一步。

第二步就是利用沼气。沼气可以发电、烧锅炉，或者作为工业原料。

沼气池的积肥沼肥（从沼气池底部清理出来的废弃腐烂物），可以制成液肥和复合肥，用来肥田。

农村的小型沼气工程

沼气工程设备包括：沼气池、发酵罐、固液分离机、储气罐或者气柜、沼气锅炉和沼气发电机组。

发酵罐：厌氧发酵罐是大中型沼气工程的主要装置，是厌氧发酵的反应器，是工业化处理废物、生产沼气的专用设备，处理对象包括有机化工企业，加工企业和规模型养殖企业产生的有机废水、废物以及城镇的生活垃圾等，沼气产气规模从每天数百立方米到数万立方米不等。

固液分离机：对禽畜粪便进行固液分离措施，既可解决粪便在沼气池的沉淀问题，极大地增强沼气池的处理能力，又可大大减小沼气池、生化池的建设面积。

储气柜—膜式气柜：沼气100%可利用，膜式气柜内部的沼气可被全部挤出；膜式气柜质量轻，其质量是传统沼气柜的几十分之一，在其制作、运输、安装等环节，都大大节省了建造时间和材料成本，同时免维护的时间长。

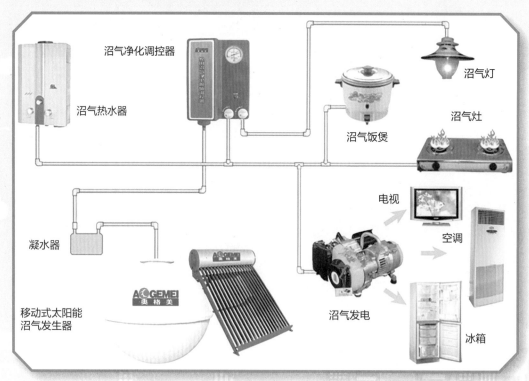

沼气的用途示意图

沼气锅炉：以沼气为燃料的锅炉。是适用于屠宰厂、养殖场的新型能源锅炉。利用动物粪便、屠宰后污物及树枝、树叶等进行发酵反应，收集所产生的沼气，供锅炉使用。沼气锅炉是一种新型的无运行成本的锅炉，既解决了环境污染问题，又不会产生污染物。锅炉同时配备自动控制装置，运行使用非常方便。

沼气发电机组：利用工业、农业或城镇生活中的大量有机废弃物（例如酒糟液、禽畜粪、城市垃圾和污水等），经厌氧发酵处理产生沼气，驱动沼气发电机组发电，并可充分将发电机组的余热用于沼气生产。沼气发电技术本身提供的是清洁能源，不仅解决了沼气工程中的环境问题、消耗了大量废弃物、保护了环境、减少了温室气体的排放，而且变废为宝，产生了大量的热能和电能，符合能源再循环利用的环保理念，同时也带来巨大的经济效益。

如今，环保已经成为全球各界人士共同奋斗的目标。环保关乎人类未来的生死存亡，我们能做的除了"节流"还应该有"开源"，提高资源有效利用率，减少污染排放，建设资源节约型和环境友好型社会。

在农村，实现产气、积肥同步，养殖、种植并举，农民可以实现环保节能与收入增收双丰收的目的。

南阳市城市民用沼气生产系统及污水处理系统工程

印度卢迪亚纳沼气发电项目

这取决于我们的生活方式。而决定生活方式的是科学技术的发达程度。从1831年法拉第发明发电机开始，到现在还不到200年，但我们已经习惯了生活在充满电的世界中。电不仅满足了我们简单的生存需求，还能供我们娱乐，如电脑、手机和网络连接，信息也可即时传递……

我们现在已经无法想象没有电的生活是什么样。

电并不是大自然天然的产物，它来自其他能源物质的能量转化。越是在我们需要电的地方，这种能源转化的规模就会越惊人。

联合国在2014年发布的《世界城镇化展望》中提到，当今世界一半多的人口，相当于39亿人已经居住在城镇地区。而到2050年，全球将再增加25亿城镇人口。到时候，我国大概会有10亿人口聚集在20个城市群中。

已经人口密集的城市暗示着未来更加庞大的城市群体

高密度人口，意味着更复杂的智能管理，更庞大的信息数据，以及更不能中断的电力保障。

毫无疑问，未来城市的能源体系将是各种类型能源间的协同优化。城市能源资源的配置能力和综合利用效率将直接影响到城市能源资源的供给，并直接影响到居民的日常生活。而且为了环保，人们需要的是绿色和清洁能源。生物质能发电，这时候就展现出了它的优势。

美国爱荷华州正在建设中的乙醇燃料工厂

德国某地的沼气发酵罐、风力涡轮机和光伏发电厂在一起工作

生物质能还有很多种。大家想没想过，人体也是一种生物质，所以有些科学家研究如何收集人跑步时产生的能量，他们设计出一种地板，可将人行走时产生的能量转化为电能。这种地板用压电材料制作而成，内装动作感应系统，可将行人的每一个行走动作瞬间产生的能量都转化成电能。这些电能可以给路灯供电，还可以储存起来带回家使用。

人们每一次踩在地砖上，都能产生7瓦特的电量，这些生成的能量会被累积起来并转化为可再生的清洁能源。

伦敦安装了世界上第一块智能地板

除了运动发电，能在我们肚子里存活的大肠杆菌也能发挥作用，产生能量。

大肠杆菌经过生物工程技术，发酵后产生乙醇。乙醇的用处很多，无水乙醇是重要的能源，燃烧完全、效率高，还没有污染。乙醇和汽油按照一定比例配制出的乙醇汽油，能极大减少汽车尾气对空气的污染。

在未来，一切都成为可能，微生物也许会成为最受欢迎的能源产品。微生物采油技术可能会成为热门学科。

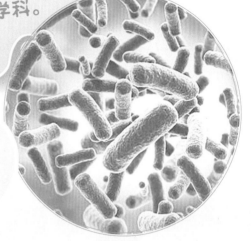

大肠杆菌

我们知道农作物秸秆是个好东西，其实还有很多食物也能化身"能源宝宝"。

椰子油

椰子，也许大家都很熟悉，我们可以喝椰汁、吃椰肉，但可能很少有人知道椰子油还能代替柴油。第二次世界大战期间，由于柴油供应短缺，在当时的菲律宾，椰子油成为一种很受当地人追捧的替代燃料。大约6个椰子就可以生产出相当于一升汽油能量的椰子油。

海藻是一种生长在海里非常环保的物质。 有数据表明，某些海藻种类的含油量非常高，同样面积下种植海藻收获的油量比玉米的高，是非常好的油料作物。海藻生长迅速，能直接在海水中生长，它可以吸收污水和发电厂排出的污染物。但是，目前提取藻类能源的费用非常高，加上藻类的生长受诸多条件限制，尤其还需要大量的阳光，这就制约了藻类能源的发展。科学家们为此想了很多方法，他们试图促使海藻在黑暗条件下生长，然后将海藻加工成多种燃料。

因为不会与农作物争夺耕地，海藻生物燃料的未来还真有不少人看好呢。

"地沟油"做汽车燃料

"地沟油"转化成环保的生物燃料，能够减少航空、海洋及道路运输中产生的高达 90% 的温室气体。

已经有企业专注于"地沟油"转化事业，将废弃食用油收集者和生物燃油生产者联系起来，并鼓励大型运输公司改用环保生物燃料。

现在，上海已经有一百辆使用"地沟油"燃料的公交车行驶在道路上了，这种方式可以有效降低城市道路上的尾气污染。

从掩埋垃圾到垃圾焚烧发电，从任由垃圾腐烂变质到将垃圾发酵为沼气，我们对生物质能的利用水平在一点点地提高。

相信有一天人类可以循环利用生物质能，以达到没有任何废物产生的目的。

到那时，我们人类和自然之间就真的能够做到和谐相处了。

对生物质能的研究和应用，现在还远没有到尽头。随着上海首先实行垃圾分类，我国各大城市的跟进，垃圾焚烧发电厂将得到更多的发展。越来越多的公众会适应对垃圾合理应用的方式，并且接受生物质能的概念。

我们不能单纯地只是消耗能源，而不给这个世界贡献些什么。

生物质能，正是从最不起眼的垃圾出发，甚至从人类自身考虑，去寻找能源的所在。

20 世纪，俄罗斯天体物理学家尼古拉·卡尔达舍夫提出了这样一个理论：人类文明的技术进步与将可控制的能源总量息息相关。

银河系中文明发展有三种类型：

✽ 类型Ⅰ：

该文明是行星能源的主人，他们可以主宰整个行星的能源。

✽ 类型Ⅱ：

该文明能够收集整个恒星系统的能源。

✽ 类型Ⅲ：

该文明可以利用银河系系统的能源而使之为其所用。

按照这个理论，目前我们人类连最低级的 I 型都还没有达到。

我们连植物通过光合作用获取太阳能都无法效仿，更别提整个地球层面上的大气、海洋和地热能量了。

我们对地球的认知还很浅薄。

而生物质能，正神奇地指引我们前往一条新的能源之路，这正是煤和石油之外的另一条道路。也许，我们将通过它真正了解大自然，从此轻而易举，就像变魔术那样，说声"有"，就能从大自然中获得源源不断的电力，驱动我们的生活，向更美好的明天出发。